AF332303

Monsieur Neumann médecin
à Luxembourg

ANALYSE CHIMIQUE
DE PLUSIEURS SOURCES
DE LA VILLE D'ECHTERNACH.
ET DE SES ENVIRONS.

Située dans une fertile et agréable vallée du bassin de la Sûre, entourée de toutes parts de collines couronnées de bois, la ville d'Echternach se trouve dotée par la nature d'une foule de sources, dont les unes sont remarquables par leur pureté, les autres fort intéressantes pour le chimiste. Au pied des coteaux verdoyants qui environnent la ville, nous rencontrons des sources vives et limpides. Ces sources, en se réunissant, forment des ruisseaux d'une force suffisante pour activer un grand nombre d'usines. La variété de leur cours et leurs bords peuplés d'une végétation abondante chez nous, mais ailleurs bien plus rare, ajoutent admirablement aux beautés naturelles de notre contrée.

Entre les villages de Born et de Mœrsdorf se trouvent, à proximité des deux bords de la Sûre, trois sources salées et ferrugineuses, dont le sel a été extrait antérieurement et qui, sous ce rapport, offrent un intérêt tout particulier pour le Grand-Duché.

Non loin du village prussien de Rahlingen, à moitié chemin entre Trèves et Echternach, jaillit à quelques mètres de la rivière une source gazeuse et ferrugineuse, qui ne mérite pas moins de fixer notre attention.

L'analyse chimique de ces sources m'ayant occupé pendant plusieurs années, les résultats obtenus m'ont paru fournir un objet digne d'être livré à la publicité. Je ne citerai que quelques motifs qui m'ont engagé à entreprendre un travail semblable.

Et d'abord, je n'aurai pas besoin d'en justifier le but scientifique. Il est évident, en effet, que la connaissance exacte des substances contenues dans les sources d'une contrée, contribue efficacement à faire apprécier ses rapports géologiques, en menant à des conclusions qui reposent sur des données positives. Nous n'avons plus le moindre doute que de fortes quantités de sulfate de chaux ou de chlorure de sodium, trouvées dans la composition d'une source, proviennent d'une dissolution opérée par l'eau sur les couches de gypse ou du sel commun. Dans les eaux gazeuses, le dégagement de l'acide carbonique a eu lieu sous l'action d'un procédé chimique très-énergique; la dissolution n'en a pu être effectuée que sous l'influence d'une forte pression.

De pareilles données et principalement l'analyse quantitative des substances émanant du sol, la température des sources et leurs autres propriétés physiques, sont d'une utilité incontestable pour élargir le cercle des connaissances qui ont pour but de nous éclairer sur la nature et la formation du globe terrestre.

Les sources d'une contrée exercent pour la plupart une influence directe sur l'agriculture. Le cultivateur éclairé sait apprécier la justesse de cette observation par les expériences qu'il a acquises, sans qu'il en ait toutefois saisi les véritables causes.

J'ai trouvé que le nombre des plantes qui prospèrent aux bords de plusieurs de nos sources calcaires, est très-limité : le cresson de fontaine, la tanaisie, le tussillage, les joncs, les laiches et quelques mousses s'y voient toujours. Or, la chimie a démontré que dans ces végétaux la chaux forme la majeure partie de leurs substances inorganiques ou de leurs cendres; tandis que dans les plantes qui recherchent les eaux douces, cette base est remplacée en grande partie par la potasse, la soude et la magnésie.

Plusieurs equisétacées qui croissent de préférence dans les terrains humides, laissent à la suite de la combustion un squelette blanc de silice qui a conservé la forme primitive de la plante. Le sol et l'eau leur ont nécessairement fourni une quantité d'acide silicique soluble, qui est en proportion de leurs besoins et de leur développement.

Parmi les quatre sources du Hartberg, dont les analyses chimiques sont détaillées ci-après, il n'y en a qu'une seule qui puisse servir aux irrigations des prairies; les trois autres ne manqueraient pas d'étendre leur effet nuisible sur tout le terrain qui en serait arrosé. Les sources qui déposent le tuf calcaire du Spelzbüsch sont en état de changer en peu de temps la meilleure terre labourable d'une grande superficie en sol improductif. La chaux, l'alumine et l'acide silicique de ces sources incrustent les végétaux qui en sont submergés; la couche arable qu'elles parcourent se durcit bientôt par les dépôts qu'elles forment continuellement.

Sous le rapport sanitaire, la composition qualitative et quantitative des sources explique aisément des phénomènes, qu'avant ces connaissances nous essayions d'expliquer par des hypothèses. C'est ainsi qu'une source de nos environs, dite « de cuivre » (Kupferbrunnen), dont l'eau a provoqué des accidents fâcheux chez plusieurs personnes qui en ont bu, devra perdre la réputation qu'elle a de contenir l'un des métaux les plus dangereux. Le sulfate de chaux qui y est dissous en forte proportion, nous fournira l'explication de ses effets nuisibles.

A en juger par leur constitution chimique, il est plus que probable que les sources de Born et de Rahlingen puissent servir au soulagement de plusieurs maladies : les données ne nous manquent pas à cet égard et je saisis cette occasion pour appeler l'attention sur un point aussi important.

100,000 kilogrammes des sources de Born contiennent en été 774 kilogrammes de sel commun. Si plusieurs essais d'exploitation y ont échoué, de nouvelles recherches, guidées par une connaissance parfaite de la matière, pourront aboutir à de meilleurs résultats et même à la découverte des couches de sel.

Depuis que la chimie a pris une part active au développement des arts et des métiers, il a été généralement reconnu que plusieurs industries, telles que les tanneries, les brasseries et d'autres sont, quant à leurs produits et à leur mode d'exploitation, forcées de prendre en considération la qualité des eaux qui sont à leur portée.

Je me bornerai à ce peu de mots sur les raisons qui m'ont engagé à faire ces analyses. Les détails que je viens d'exposer me paraissent suffire pour en démontrer le côté utile.

Les méthodes d'après lesquelles ces analyses ont été exécutées, sont les mêmes que celles que j'ai pratiquées à l'université de Giessen pendant les années 1845 et 1846, sous la direction du savant professeur Liebig.

La quantité de potassium et de sodium, sur une portion pesée d'eau, a été trouvée, en y ajoutant de l'eau de baryte et en précipitant la liqueur filtrée par le carbonate d'ammoniaque. Les alcalis étant réduits à l'état de chlorures, le potassium a été séparé par le chlorure de platine et le sodium calculé par la différence des deux chlorures.

La chaux a été précipitée par l'oxalate d'ammoniaque et pesée à l'état de carbonate.

Le phosphate de soude et l'ammoniaque ont servi à la précipitation de la magnésie; le sel double étant décomposé par la chaleur, le poids du phosphate restant a donné la quantité de magnésie.

La potasse et l'ammoniaque ont servi à la séparation de l'oxide de fer et de l'alumine.

Les sels de baryte ont été employés à la détermination de l'acide sulfurique et le nitrate d'argent à celle du chlore.

L'acide silicique a été d'abord réduit à l'état insoluble et pesé ensuite.

Pour l'acide carbonique des précipités ont été préparés aux sources mêmes par l'ammoniaque et le chlorure de calcium; les précipités formés ont été traités dans l'appareil de Frésenius et Will et la différence du poids de l'appareil avant et après le dégagement complet du gaz a fourni l'acide carbonique. Pour les autres corps, trouvés en quantités minimes, tels que l'acide phosphorique, l'ammoniaque, et le manganèse, je renvoie aux détails des analyses.

La plupart des résultats proviennent d'une analyse double. J'ai pu m'écarter de ce principe dans des questions d'un intérêt secondaire, pour autant que le premier résultat a fourni des données qui s'accordaient avec les lois chimiques et les exigences d'une analyse exacte.

Les différents calculs sont effectués d'après les tables des poids atomiques et les logarithmes de R. Weber, Brunswick 1852.

Source du Hartberg « dite Kefferborn. »

En parcourant la pente du Hartberg, à partir de la route de Luxembourg vers le Rothenhof, on trouve cinq sources différentes, dont trois sont remarquables par la quantité de sulfate de chaux qu'elles contiennent en dissolution et par les incrustations calcaires déposées à de grandes profondeurs. L'une d'entre elles a été nommée « source de cuivre » (Kupferborn). Cette dénomination et la croyance répandue dans le peuple qu'elle contienne effectivement du cuivre, paraissent provenir, soit de l'effet nuisible qu'elle produit sur l'économie animale, soit de la couleur un peu rougeâtre du sol environnant.

En 1829 le collége médical de Luxembourg, intéressé à en connaître la composition, chargea l'un de ses membres, résidant à Echternach, d'y opérer des recherches. Vers la même époque, un chimiste des Pays-Bas qui parcourait le pays dans le but de découvrir des minerais propres à l'exploitation, voua une attention particulière à cette source. Je regrette de n'avoir pu réunir les résultats de leurs opérations.

Plusieurs personnes qui avaient bu de l'eau de la source principale, m'ont assuré que des malaises et de fortes coliques en sont résultés. Les habitants des Lütschen ont dû entièrement renoncer à cette eau et ils se servent aujourd'hui d'une meilleure source, plus rapprochée du Rothenhof, dans la même pente du Hartberg. Dans la belle matinée du 10 février 1853, plusieurs poissons se trouvèrent enfermés par des obstacles dans les fossés des Lütschen à l'embouchure des deux sources voisines. Lorsque je vis ces poissons, les uns avaient déjà péri, les autres étaient sur le point d'expirer. Toutes ces considérations m'ont amené naturellement à vouer à ces deux sources une attention particulière.

Le Kefferborn proprement dit est situé à deux kilomètres de la ville d'Echternach et à 500 mètres des Lütschen. C'est la troisième des sources que l'on rencontre dans la direction indiquée ci-haut.

Elle sourd au pied de la montagne d'un vieux mur à pierres calcaires et donne environ 25 litres d'eau par minute. Pendant les fortes pluies et en hiver, la quantité de liquide qui s'écoule par minute devient plus considérable. La végétation qui en peuple les bords, se compose du cresson, de la tussilage, de la tanaisie, de quelques graminées et de mousse; les plantes qui croissent dans l'eau sont incrustées de carbonate de chaux, d'alumine et de silice et le débordement en est nuisible aux récoltes qui deviennent rougeâtres et se fanent avant l'époque de la moisson.

Le 5 août 1852, la température de l'eau du Kefferborn était $+$ 11,7° c. Dans l'air atmosphérique le thermomètre centigrade marquait $+$ 17,5°.

Un flacon bien bouché contenait 109,655 grammes de l'eau de la source.

Le même flacon renfermait 109,329 grammes d'eau distillée d'une température égale.

Le poids spécifique en est donc $\frac{109,655}{109,329} =$ 1,00279.

L'analyse qualitative a démontré la présence de chaux, de magnésie, de traces d'alumine et de protoxide de fer, de soude et de potasse; d'acide sulfurique en forte proportion, d'acide carbonique, de chlore et de traces d'acide silicique.

Agitée dans un flacon, l'eau n'a pas produit de dégagement de gaz; elle est restée sans action sur les papiers de tournesol; elle n'a ni odeur ni saveur prononcées. Le résidu obtenu par l'évaporation de cinq kilogrammes du liquide, n'a pas produit la moindre coloration bleue par l'ammoniaque, et le ferro-cyanure de potassium n'a pas donné le précipité brun-rougeâtre qui caractérise le cuivre. Un second résidu, préparé dans le bain-marie, a été employé à constater l'absence d'autres métaux et de l'arsenic, du fluor etc.

Analyse quantitative.

1° *Recherche de la chaux.*

a) 219 grammes d'eau ont fourni 0,250 grammes de carbonate de chaux, contenant 0,140 grammes de chaux; 100 parties d'eau contiennent donc 0,0640 parties de chaux.

b) 219 grammes ont fourni 0,2516 grammes de carbonate de chaux ou 0,14118 grammes de chaux; sur 100 parties 0,0645 parties de chaux. Terme moyen de la chaux $=$ 0,0642 pCt.

2° *De la magnésie.*

a) 219 grammes ont donné 0,1586 grammes de phosphate de magnésie, contenant 0,05699 grammes de magnésie, ou 0,0260 pCt.

— 5 —

b) 219 grammes ont donné 0,1620 grammes de phosphate de magnésie qui contiennent 0,0582 grammes de magnésie, ou 0,0265 pCt. Terme moyen de la magnésie = 0,0262 pCt.

3° *De la soude et de la potasse.*

a) 219 grammes ont donné 0,014 grammes de chlorure de sodium et de potassium, ou 0,00849 pCt.

b) 438,5 grammes ont donné 0,0378 grammes de chlorure de sodium et de potassium, ou 0,00885 pour cent.

c) 438,5 grammes ont fourni 0,004 grammes de chlorure double de platine et de potassium, qui contiennent 0,000644 grammes, ou 0,00014 pCt. de potassium.

4° *De l'alumine.*

a) 438,5 grammes ont donné 0,0045 grammes d'alumine ou 0,00102 pCt.

b) 219 grammes en ont donné 0,0021 grammes ou 0,00098 pCt. Terme moyen de l'alumine = 0,0010 pCt. Le protoxide de fer est en quantité trop minime pour pouvoir être pesé.

5° *Du chlore.*

a) 529 grammes ont donné 0,0870 grammes de chlorure d'argent, contenant 0,021509 grammes de chlore ; ou bien 0,0065 pCt. de chlore.

b) 109,6 grammes ont produit 0,026 grammes de chlorure d'argent, qui contiennent 0,006528 grammes de chlore, ou 0,00588 pCt. Terme moyen du chlore = 0,0062 pCt.

6° *De l'acide sulfurique.*

a) 109,6 grammes ont donné 0,451 grammes de sulfate de baryte, qui contiennent 0,148 grammes d'acide sulfurique, ce qui donne 0,138 pCt. d'acide sulfurique.

b) 219,2 grammes ont donné 0,8718 grammes de sulfate de baryte, ou 0,2995 grammes d'acide sulfurique ou 0,1366 pCt. Terme moyen de l'acide sulfurique = 0,1375 pCt.

7° *De l'acide carbonique.*

a) 219 grammes ont fourni 0,0053 grammes d'acide carbonique, 0,00242 pCt.

b) 438 grammes en ont fourni 0,0127 grammes, ou 0,0029 pCt. Terme moyen de l'acide carbonique = 0,00266 pCt.

8° *Des substances inorganiques en général, contenues dans 100 parties d'eau.*

a) 109,6 grammes d'eau ont laissé un résidu, pesant 0,260 grammes, ce qui donne 0,2372 pCt.

b) 109,6 grammes ont laissé un résidu, pesant 0,266 grammes, ce qui donne 0,2421 pCt. Terme moyen pour les substances inorganiques = 0,25975 pCt.

Dans ces résidus, il n'y avait pas d'indices de substances organiques.

Ces différentes opérations se résument de la manière suivante :

Sur 100 parties de l'eau du Kefferborn ont été trouvées :

Chaux	0,06420 parties.
Magnésie	0,02620 »
Chlorure de sodium et de potassium	0,00867 »
Chlorure de potassium	0,00027 »

<pre>
Alumine et traces de fer.................... 0,00100 parties.
Chlore.................................. 0,00620   »
Acide sulfurique......................... 0,13730   »
Acide carbonique 0,00266   »
</pre>

Les bases et les acides sont dans le rapport voulu pour former des sels neutres ; leur combinaison fournit le résultat suivant :

100 parties de l'eau du Kefferborn contiennent :

<pre>
              Sulfate de chaux......... 0,14710 parties.
              Carbonate de chaux...... 0,00606   »
              Sulfate de magnésie 0,07645   »
              Chlorure de magnésium... 0,00162   »
              Chlorure de sodium....... 0,00805   »
              Chlorure de potassium.... 0,00027   »
              Alumine et traces de fer... 0,00100   »
                                         ——————
                  Total...... 0,24055   »
</pre>

Ce résultat de l'analyse directe coïncide suffisamment avec le nombre 0,23975 trouvé sous le N° 8. D'après ces données, 100,000 kilogrammes de la source en question contiennent 240 kilogr. de substances inorganiques ; le sulfate de chaux y est contenu pour 147 kilogrammes. Il a été démontré à l'évidence par l'analyse qualitative que cette source ne contient pas de traces de cuivre ou d'un autre métal, connu comme poison énergique ; le nom de Kupferborn lui est par conséquent mal appliqué. Nous trouverons néanmoins cette épithète très-naturelle, en considérant que l'homme, dès qu'il ne sait pas expliquer un phénomène de la nature, l'attribue ordinairement à telle cause dont les effets bien connus présentent le plus d'analogie avec les effets dont il veut se rendre raison. En examinant l'analyse de la source en question, nous ne manquerons pas d'attribuer les effets nuisibles de l'eau à la grande quantité de sulfate de chaux qui y est contenue. En effet, ce sel est très-peu soluble dans l'eau, et pris intérieurement à l'état de dissolution, il est bientôt privé de son dissolvant et précipité sur les parois des organes, avec lesquels il vient en contact. De cette manière, il arrête plus ou moins les fonctions des organes et c'est principalement sur l'estomac qu'il paraît étendre son influence, puisqu'il arrête ou trouble la digestion.

Sources voisines du Kefferborn.

A 100 mètres du Kefferborn, dans un endroit plus rapproché du Rothenhof, jaillit une source assez forte, qui se perd dans le sol à 150 mètres de son origine. Elle possède les mêmes propriétés physiques que la précédente : la température en est la même, et l'analyse qualitative a fourni les mêmes données ; les traces de protoxide de fer sont à peine perceptibles. Ces coïncidences m'ont déterminé à omettre ici tous les détails de l'analyse quantitative et d'annoter seulement le résultat de mes opérations. Le 24 août 1852 le poids spécifique a été trouvé = 1,00229 ; 100 parties de l'eau contenaient :

Sulfate de chaux.................... 0,15254 parties.
Carbonate de chaux................. 0,00820 »
Sulfate de magnésie................ 0,03644 »
Sulfate de soude .... 0,01083 »
Chlorure de sodium et traces........ }
De chlorure de potassium........... } 0,00246 »
Acide silicique..................... 0,00225 »
Alumine .... 0,00246 »

Total....... 0,21516 »

Le sulfate de chaux et les sels de soude y sont contenus en plus forte proportion que dans la source précédente, qui est plus riche en sulfate de magnésie. A en croire les apparences, elle est favorable à la végétation. J'ai pourtant remarqué qu'à 40 mètres de son origine, les mousses qui y croissent sont incrustées au bout de six mois. Employée fréquemment aux irrigations des prairies, cette source détériorera la nature du sous-sol qui durcira sous son influence, en présentant comme aux abords du Kefferborn une masse compacte, qui a la constitution chimique de nos espèces de tufs calcaires.

La première source que l'on rencontre dans la direction déjà mentionnée, à un tiers de la hauteur du Hartberg, offre encore des propriétés analogues aux deux précédentes. Les substances y contenues sont les mêmes. Le 10 février 1853, le thermomètre centigrade marquait $+ 0,5°$ à l'air athmosphérique; plongé dans la source il est resté à $+ 9,7°$ c. Les incrustations calcaires formant le lit que l'eau traverse, offrent parfois de belles stalactites et imitent souvent par leurs ramifications les formes de végétaux.

Le poids spécifique était $\frac{102,180}{101,505} = 1,00218$.

402 grammes d'eau ont fourni 0,840 grammes de résidu de substances inorganiques, ce qui donne 0,20895 pCt.

109,6 grammes ont fourni 0,363 grammes de sulfate de baryte, ou 0,1247 grammes d'acide sulfurique. 0,1138 pCt. d'acide sulfurique.

109,6 grammes ont donné 0,115 grammes de carbonate de chaux, contenant 0,0645 grammes de chaux, ou bien 0,05917 pCt. de chaux.

109,6 grammes ont fourni 0,0735 grammes de phosphate de magnésie, ou 0,02641 grammes de magnésie, 0,0242 pCt. de magnésie.

La recherche quantitative du chlore, de l'alumine, de la soude et de l'acide carbonique n'offrant pas d'intérêt particulier, je me suis borné à établir ces données.

La composition de cette source est représentée par le tableau suivant :
100 parties d'eau contiennent :

Acide sulfurique................. 0,11380 parties.
Chaux.......................... 0,05917 »
Magnésie....................... 0,02420 »
Pour l'acide carbonique.......... }
Le chlore, la soude etc.......... } 0,01178 »

Total....... 0,20895 »

100,000 kilogrammes de cette eau renferment 208 kilogrammes de substances inorganiques, et (en combinant 0,05917 grammes de chaux avec 0,08426 grammes d'acide sulfurique) 143 kilogrammes de sulfate de chaux.

Il résulte de ces analyses que la quantité de sulfate de chaux ne varie que fort peu dans les trois sources calcaires, et que les sels de chaux forment à peu près les trois quarts des substances inorganiques, dissoutes dans l'eau.

A partir de la dernière source, on trouve à proximité du Kefferborn une source peu forte qui roule sur du gravier et dont l'eau limpide ne forme pas comme celles qui l'entourent des dépôts calcaires. La végétation qui l'environne est plus variée et loin de souffrir de son influence, elle y croît au contraire plus riche et plus abondante. Elle sort du sol à une plus grande profondeur que les trois précédentes, car à la même époque la température en était plus élevée; aussi ne coule-t-elle pas comme celles-ci à travers les couches épaisses de gypse qui sont très-abondamment répandues dans toute la pente du Hartberg.

Le 10 février 1853, la température de l'air athmosphérique étant 0° c., celle de la source était $+$ 10, 2° c.

Le poids spécifique a été trouvé $\frac{401,7100}{401,1505} = 1,001009.$

401,7 grammes ont donné 0,310 grammes de substances inorganiques, ou 0,077172 pCt.

803 grammes ont fourni 0,845 grammes de sulfate de baryte, ou 0,2908 grammes d'acide sulfurique, donnant 0,0362 pCt. d'acide sulfurique.

400 grammes ont fourni 0,250 grammes de carbonate de chaux, contenant 0,09487 grammes de chaux, 0,0237 pCt. de chaux.

En combinant 0,0237 grammes de chaux avec 0,03375 grammes d'acide sulfurique, on obtient 0,05745 grammes de sulfate de chaux sur 100 grammes d'eau.

100,000 kilogrammes de cette eau contiennent 57 kilogrammes de sulfate de chaux, somme qui surpasse un peu le tiers des quantités de ce sel trouvées dans les sources environnantes.

Ce résultat et la somme des parties inorganiques qui est moindre que celle d'une des meilleures sources de la ville d'Echternach, m'autorisent à recommander cette eau non seulement pour l'usage domestique, mais encore pour les irrigations des prairies.

Eau de la pompe du Dingstuhl,
située sur la grande place d'Echternach.

Le 8 mars 1853 la température de cette eau était $+$ 7, 5° c.; celle de l'air athmosphérique $+$ 5, 2° c. C'est un liquide dont la limpidité et la pureté laissent beaucoup à désirer. En effet, il est trouble pendant la plus grande partie de l'année; la saveur de matières organiques qui y entrent par l'infiltration est très-prononcée. La réaction sur les papiers de tournesol est nulle.

Le poids spécifique de cette eau est $\frac{111,058}{110,963} = 1,00175.$

L'analyse qualitative a démontré la présence de chaux, d'alumine, de magnésie, de potasse, de soude, de chlore, des acides sulfurique, carbonique et silicique, de traces d'acide nitrique, de protoxide de fer, d'ammoniaque et de substances organiques. Des traces d'acide phosphorique ont pu être découvertes par le molybdate d'ammoniaque.

Analyse quantitative.

1° 444 grammes de cette eau ont fourni 0,109 grammes de carbonate de chaux, qui contiennent 0,0598 grammes de chaux, 0,0134 pCt. de chaux.

2° 444 grammes ont donné 0,111 grammes de phosphate de magnésie, ou 0,03988 grammes de magnésie, 0,00898 pCt. de magnésie.

3° 333 grammes ont fourni 0,195 grammes de sulfate de baryte, contenant 0,06698 grammes d'acide sulfurique, 0,0201 pCt. d'acide sulfurique.

4° 111 grammes ont fourni 0,022 grammes de chlorure d'argent, qui contiennent 0,005439 grammes de chlore. 0,0049 pCt. de chlore.

5° 333 grammes ont donné :

a) 0,0634 grammes de chlorure de sodium et de potassium.

b) 0,112 grammes de chlorure double de platine et de potassium ou 0,01792 grammes de potassium. 0,0054 pCt. de potassium, 0,00466 pCt. de soude.

6° 111 grammes ont fourni 0,0054 grammes d'acide silicique, 0,0048 pCt. d'acide silicique.

7° 111 grammes ont laissé par l'évaporation un résidu de 0,0862 grammes, ou bien 0,077657 pCt. de substances organiques.

Par la combinaison des corps électro-positifs et des corps électro-négatifs, on obtient des sels neutres.

Cette analyse est résumée dans le tableau suivant :

100 parties de l'eau du Dingstuhl contiennent :

Carbonate de chaux	0,02150 parties.
Sulfate de chaux	0,00169 »
Sulfate de magnésie	0,02299 »
Sulfate de soude	0,01065 »
Chlorure de potassium	0,01030 »
Acide silicique	0,00480 »
Alumine, acide phosphorique et protoxide de fer	0,00572 »
Traces d'ammoniaque et de substances organiques.	
Total...	0,07765 »

100,000 kilogrammes de l'eau de la pompe du marché contiennent 77 kilogrammes de substances inorganiques.

Les substances organiques, de nature animale, qui figurent dans sa composition, méritent à cette eau la qualification d'impure et les résultats obtenus par l'analyse prouvent que l'autorité locale ferait bien de supprimer cette pompe dans l'intérêt de l'hygiène publique.

2

Source de la place des écoles.

Cette source connue vulgairement sous le nom de « Schulerbrunnen » jaillit au pied du mur de la longue façade du Mühlenbau, faisant actuellement partie de la caserne, dans le voisinage de l'Hôpital et des maisons d'école. Depuis les temps les plus reculés elle a la renommée de fournir une eau limpide et très-bonne à boire. Le petit bassin carré dans lequel elle se jette se trouve à 0,80 mètres au-dessous du niveau de la rue adjacente. On m'a indiqué comme lieu de son origine le terrain élevé à proximité de la chapelle de St.-Sébastien, située au Sud de l'ancienne église abbatiale. L'eau destinée à l'analyse a été puisée le 15 février 1853. Exposée pendant 15 minutes à l'air atmosphérique, le thermomètre centigrade marquait $+$ 0,2°; la température de la source était $+$ 10° c. La quantité de liquide écoulant par minute était de 41 litres. Il n'y a ni dégagement de gaz, ni réaction sur les papiers de tournesol. L'eau a pu être conservée pendant plusieurs semaines dans des flaçons ouverts et bouchés, sans rien perdre de sa limpidité primitive.

Au dire des personnes qui en font usage depuis nombre d'années, elle se trouble rarement et ce n'est que pendant les longues et fortes pluies, qu'elle devient d'un aspect laiteux.

Le poids spécifique a été trouvé $\frac{108,714}{108,595} = 1,00109$.

Par *l'analyse qualitative* a été constatée la présence du chlore, des acides sulfurique, carbonique et silicique, d'alumine, de chaux, de magnésie, de soude et de traces de protoxide de fer et de potasse.

Analyse quantitative.

1° *Recherche de la quantité de chaux :*

a. 434,8 grammes ont fourni 0,182 grammes de carbonate de chaux, contenant 0,1021 grammes de chaux ; 0,02348 pCt.

b. 326,1 grammes ont fourni 0,1410 grammes de carbonate de chaux, ou 0,0791 grammes de chaux ; 0,0242 pCt. Terme moyen de la chaux $=$ 0,02384 pCt.

2° *De la magnésie :*

a. 434,8 grammes ont fourni 0,1060 grammes de phosphate de magnésie, contenant 0,0381 grammes de magnésie ; 0,00884 pCt.

b. 326,1 grammes ont fourni 0,0875 grammes de phosphate de magnésie, qui contiennent 0,0314 grammes de magnésie ; 0,00966 pCt. Terme moyen de la magnésie $=$ 0,00925 pCt.

3° *De la soude :*

434,8 grammes ont donné 0,0146 grammes de chlorure de sodium ou 0,00776 grammes de soude. 0,00178 pCt. de soude.

4° *De l'alumine :*

326,1 grammes ont donné 0,0024 grammes d'alumine avec de faibles traces d'oxide de fer, ou bien 0,000736 pCt.

5° *De l'acide silicique :*

326,1 grammes ont donné 0,0032 grammes d'acide siliciıque ; 0,00098 pCt.

6° *De l'acide sulfurique :*

a. 434,8 grammes ont fourni 0,3875 grammes de sulfate de baryte, contenant 0,1331 grammes d'acide sulfurique ; 0,0306 pCt.

b. 326,1 grammes ont fourni 0,2775 grammes de sulfate de baryte, contenant 0,0953 grammes d'acide sulfurique ; 0,0293 pCt. Terme moyen de l'acide sulfurique $=$ 0,0299 pCt.

7° *De l'acide carbonique :*

a. 326,1 grammes ont donné avec le chlorure de calcium et l'ammoniaque un précipité qui a perdu dans l'appareil de Frésenius et Will 0,033 grammes, ce qui équivaut à 0,0101 pCt. d'acide car-bonique.

b. 217 grammes ont fourni un précipité perdant 0,0207 grammes, ce qui donne 0,00974 pCt. d'a-cide carbonique. Terme moyen de l'acide carbonique $=$ 0,00992 pCt.

8° *Du chlore :*

a. 217,4 grammes ont donné 0,013 grammes de chlorure d'argent qui contiennent 0,00321 gram-mes de chlore ; 0,00147 pCt.

b. 217,4 grammes ont donné 0,0105 grammes de chlorure d'argent qui contiennent 0,00248 grammes de chlore ; 0,00114 pCt. Terme moyen pour le chlore $=$ 0,001305 pCt.

9° 108,7 grammes ont laissé par l'évaporation un résidu qui a été desséché à la température de 130° c., pesant 0,084 grammes, ce qui correspond à 0,077276 pCt. de substances inorganiques.

Le résidu chauffé davantage n'a pas fait voir d'indices de substances organiques.

Ces données fournissent par la combinaison des corps acides et basiques le résultat suivant :

Sur 100 parties de l'eau ont été trouvées :

Chlorure de sodium	0,002145	parties.
Sulfate de soude	0,001460	»
Sulfate de chaux	0,026780	»
Carbonate de chaux	0,022720	»
Sulfate de magnésie	0,022550	»
Alumine et traces de fer	0,000736	»
Acide silicique	0,000980	»
Total....	0,077371	»

Le nombre 0,077276 trouvé sous le n° 9 pour les substances en général contenues sur 100 par-ties d'eau, coïncide bien avec le nombre 0,077371 indiquant la somme des différentes substances trouvées par l'analyse directe.

La source de la place des écoles contient d'après l'analyse 77 kilogrammes de substances inorganiques sur 100,000 kilogrammes d'eau. Elle peut être considérée comme une eau très-bonne à boire et très-saine. Les sels de chaux y sont contenus en plus forte proportion que les autres corps; la quantité en est pourtant trop minime pour exercer sur la santé la moindre influence nuisible.

La composition qualitative et la composition quantitative des différentes eaux puisées dans les pompes de la ville d'Echternach ne varient que peu. Le sulfate et le carbonate de chaux, le sulfate de magnésie et de soude, le chlorure de sodium, de potassium et de magnésium, des traces de protoxide de fer, d'alumine et d'acide silicique ont été retrouvées dans chaque analyse; quelques-unes seulement ont donné des traces d'ammoniaque, d'acide nitrique, de matières organiques et une réaction assez distincte de l'acide phosphorique.

Les premiers jours de mai 1853 la température des eaux provenant des cinq pompes placées dans les différents quartiers de la ville, a été trouvée entre les nombres $+$ 8,6° c. et 10,1 c. — Cent parties de ces eaux ont laissé par l'évaporation, des résidus qui ont été desséchés à la température de 130° c. Le maximum des substances inorganiques était de 0,09818 pCt. et le minimum de 0,070981 pCt.

Les sources du Spelzbüsch sont en partie calcaires et présentent une constitution chimique analogue à celle du Kefferborn. Elles contiennent l'alumine et le carbonate de chaux en plus forte proportion et une quantité moindre de sulfate de chaux. La profondeur des couches de tuf est en plusieurs endroits de 15 mètres; on aperçoit aisément que quelques sources en déposent continuellement et que le sol qu'elles arrosent, se durcit en peu de temps. On y trouve parfois des blocs superbes de végétaux incrustés, dans lesquels les branches principales et les ramifications sont très-distinctes et forment des modèles pleins d'intérêt pour les collections minéralogiques. Sur 51 parties de chaux le tuf du Spelzbüsch a donné 9 parties d'acide silicique et 4,7 parties d'alumine avec des traces d'oxide de fer. Celui de Weillerbach, en Prusse, contenait sur 56 parties de chaux 12 parties d'acide silicique et 4,5 parties d'alumine et des traces de fer. L'acide carbonique et la magnésie y sont également en quantités variables, de sorte que nos différentes espèces de tufs calcaires ne présentent pas la même composition chimique. Il est à remarquer que dans le Spelzbüsch jaillissent en plusieurs endroits des sources peu calcaires qui sont très-bonnes à boire; on les reconnaît au manque d'incrustations calcaires dans le lit qu'elles parcourent. La fontaine entre ledit bois et la Felzmühl, surnommée « fontaine de santé » mérite une des premières places parmi nos bonnes sources.

Le mélange des eaux provenant de l'Ernzer-Berg qui fournissent toute l'eau de l'ancienne abbaye de St.-Willibrord, a laissé le 2 mai 1853, 0,02265 pCt. de résidu, se composant principalement de chlorure de sodium et de magnésium, de carbonate et de sulfate de chaux. Cette eau est recommandable sous tous les rapports : c'est celle de la ville d'Echternach qui contient le moins de sulfate et de carbonate de chaux et qui laisse le moindre résidu de substances inorganiques Les tuyaux en fonte et en plomb, par lesquels cette eau est conduite de l'Ernzer-Berg à travers la rivière ont été trouvés, après de longues années, peu incrustés intérieurement.

Les religieux du monastère avaient donc parfaitement apprécié la pureté des eaux de l'Ernzer-Berg en allant les chercher dans une montagne escarpée de l'autre côté de la Sûre et à une distance de deux kilomètres de leur maison. —

Je dois encore mentionner une source rapprochée de la Nonnenmühl qui prend son origine tout près du Melinghsberg pour se jeter dans le ruisseau qui active les moulins de la petite vallée entre Lauterborn et Echternach. Le 5 mai 1853, elle a fourni 0,02941 pCt. de substances inorganiques.

L'eau en peut être considérée comme très-bonne, mais à différentes reprises je l'ai trouvée trouble après les fortes pluies en automne, circonstance qui fait donner pour les conduits d'eau la priorité aux sources de l'Ernzer-Berg.

La température moyenne d'une contrée pouvant être déterminée approximativement par la température de ses sources en hiver, j'ai choisi à cet effet le mois de janvier 1853. La somme des températures de six sources a été + 58,3° c. Ce nombre divisé par 6 donne + 9,7° c. pour la température moyenne de notre vallée.

Sources de Born.

Entre les villages de Born et de Mœrsdorf, situés dans le canton et à 10 kilomètres d'Echternach, jaillissent à proximité de la Sûre trois sources salées et ferrugineuses. Elles ne sont distantes les unes des autres que de 150 mètres environ. Deux d'entre elles se trouvent sur le territoire du Grand-Duché ; la troisième se jette dans la Sûre sur le territoire de la Prusse. Cette dernière et la première que l'on rencontre en suivant la direction de Born vers Mœrsdorf, sont tellement rap prochées des eaux de la rivière, qu'elles en sont submergées pendant une bonne partie de l'année. On remarque de loin leur embouchure par les dépôts rougeâtres, qu'elles forment dans leur lit.

La troisième est distante de 4 mètres de la rivière, qui croit rarement assez pour la submerger. Le 27 août 1851, la quantité d'eau écoulant par minute a été évaluée à 50 litres. Elle en donne trois fois d'avantage que les deux sources voisines. La température de cette source a été trouvée + 14° C., celle de l'air atmosphérique étant + 21, 2° c. et celle de la Sûre + 19, 1° c.

L'eau ne possède pas d'odeur remarquable, la saveur en est fortement salée ; le papier de tournesol, rougi par un acide, a été ramené de suite au bleu. Elle possède une réaction alcaline très prononcée. Au sortir du sol elle est limpide, mais elle dépose après douze heures, même dans des flacons bien bouchés, une quantité très-notable d'oxide de fer. L'eau ne pétille pas lorsqu'elle est agitée dans un flacon.

Le poids spécifique en est $\frac{155,001}{155,791} = 1,00904.$

L'analyse qualitative a fait voir la présence de fortes quantités de soude, de chlore, d'acide sulfurique, de chaux, de magnésie ; de quantités moindres d'acide carbonique, de protoxide de fer, d'alumine et de potassium et enfin des traces distinctes d'acide phosphorique et de manganèse.

Analyse quantitative.

1° *Recherche de la quantité de chlore:*

a. 135 grammes d'eau ont produit 3,050 grammes de chlorure d'argent, contenant 0,75408 grammes de chlore; 0,5585 pCt.

b. 100 grammes ont produit 2,211 grammes de chlorure d'argent, contenant 0,05521 de chlore. Terme moyen du chlore = 0,5553 pCt.

2° *D'acide carbonique:*

a. 270 grammes ont donné 0,172 grammes d'acide carbonique, ou 0,0637 pCt.

b. 405 grammes ont donné 0,231 grammes d'acide carbonique, ou 0,0570 pCt. Terme moyen de l'acide carbonique 0,0603 pCt.

3. *D'acide silicique:*

a. 135 grammes ont donné 0,008 grammes d'acide silicique; 0,0059 pCt.

b. 135 grammes en ont donné 0,0078 grammes; 0,00577 pCt. Terme moyen de l'acide silicique = 0,00583 pCt.

4° *D'acide sulfurique:*

a. 135 grammes ont fourni 0,4014 grammes de sulfate de baryte, contenant 0,1379 grammes d'acide sulfurique; 0,1021 pCt.

b. 270 grammes ont fourni 0,860 grammes de sulfate de baryte, contenant 0,2946 grammes d'acide sulfurique; 0,109 pCt. Terme moyen de l'acide sulfurique = 0,1055 pCt.

5° *De chaux:*

a. 405 grammes ont fourni 1,1470 grammes de carbonate de chaux, ou 0,6565 grammes de chaux; 0,1620 pCt.

b. 135 grammes ont fourni 0,599 grammes de carbonate de chaux, ou 0,2239 grammes de chaux; 0,1658 pCt. Terme moyen de la chaux = 0,1639 pCt.

6° *De magnésie:*

a. 405 grammes ont fourni 0,355 grammes de phosphate de magnésie, contenant 0,1275 grammes de magnésie; 0,03148 pCt.

b. 135 grammes ont fourni 0,1225 grammes de phosphate de magnésie, ou 0,04402 grammes de magnésie; 0,0325 pCt. Terme moyen de la magnésie = 0,03199 pCt.

7° *De Sodium et de potassium:*

a. 270 grammes ont donné 2,0936 grammes de chlorure de sodium et de potassium et 0,020 grammes de chlorure de platine et de potassium qui contiennent 0,00226 pCt. de chlorure de potassium. 2,0936 grammes—0,00611 grammes laissent 2,0875 grammes pour le chlorure de sodium, ou 0,8251 grammes de sodium; 0,3055 pCt. de sodium.

b. 270 grammes ont donné 2,0782 grammes de chlorure de sodium et de potassium, ou déduction faites de 0,00643 grammes de chlorure de potassium, 2,07177 grammes de chlorure de sodium, ou 0,8186 grammes de sodium; 0,5051 pCt. de sodium. Les mèmes 270 grammes ont donné 0,0216 grammes de chlorure double de platine et de potassium ou 0,00645 grammes de chlorure de potassium; 0,00258 pCt de chlorure de potassium. Terme moyen du sodium 0,5045 pCt. Terme moyen du chlorure de potassium 0,00252 pCt.

8° De fer et d'alumine :

a. 405 grammes ont donné 0,0551 grammes de sesquioxide de fer et 0,0059 grammes d'alumine; 0,0156 pCt. d'oxide de fer, 0,00096 pCt. d'alumine.

b. 540 grammes d'eau ont été mis en ébullition pendant quatre heures consécutives, en y ajoutant par intervalles une quantité d'eau distillée égale à celle qui se perdait par l'évaporation. Le dépôt formé contenait 0,067 grammes d'oxide de fer ou 0,0124 pCt d'oxide de fer, et 0,0942 grammes de carbonate de chaux ou 0,05286 grammes de chaux; 0,0098 pCt. de chaux.

Cette portion de chaux et le protoxide de fer sont évidemment contenus dans la source à l'état de bicarbonates. Le reste de l'acide carbonique est combiné avec la soude et cause la réaction alcaline de l'eau.

En combinant les corps basiques avec les corps acides, l'analyse de la source salée de Born fournit le résultat suivant :

100 parties de cette eau contiennent :

Chlorure de sodium	0,66060	parties.
Chlorure de potassium	0,00252	»
Chlorure de magnésium	0,04790	»
Chlorure de calcium	0,18520	»
Sulfate de chaux	0,17958	»
Bicarbonate de chaux	0,02196	»
Carbonate de soude	0,08565	»
Bicarbonate de protoxide de fer	0,02460	»
Acide silicique	0,00585	»
Alumine	0,00096	»
Traces d'acide phosph., de manganèse		
Total	1,23058	»

L'exactitude de l'analyse a été vérifiée par les données suivantes :

a. 135 grammes d'eau ont été évaporés et le résidu a été maintenu à une température qui ne dépassait pas + 110° c. pour éviter la décomposition du chlorure de magnésium. Le résidu a pesé 1,692 grammes, ce qui donne 1,2555 pCt. de substances solides, inorganiques.

b. 135 grammes ont été décomposés par l'acide sulfurique, évaporés, et le résidu a été chauffé jusqu'à ce que les vapeurs de l'acide en excès eussent cessé de s'échapper. Il en résultait un résidu pesant 1,901 grammes, ou bien 1,40816 pCt.

En combinant par le calcul avec l'acide sulfurique les quantités de chaux, de soude, de potasse et de magnésie trouvées par l'analyse directe, et en ajoutant à la somme des sulfates les faibles quantités des autres corps basiques et l'acide silicique, j'ai obtenu le nombre 1,46272.

Les nombres 1,40816 et 1,46272, et 1,2535 et 1,23058 coïncident suffisamment pour constater l'exactitude de l'analyse ; dans le résidu *a* une légère élévation de température en devait nécessairement changer la constitution chimique.

Des renseignements que j'ai obtenus après l'exécution de l'analyse m'ont fait présumer que la source en question n'était pas la même que celle que l'on exploitait, il y a 100 ans environ pour en extraire le sel. La source salée sortait du sol plus près de la montagne, à une distance de 50 mètres de la Sûre. On y retrouve sous les terrains cultivés des ouvrages d'art, les débris des constructions de l'ancienne saline, les emplacements des chaudières. La source primitive ne fournissait que quelques litres d'eau par minute ; elle ne déposait pas d'oxide de fer ; plus tard seulement elle s'est mélangée aux eaux d'une source ferrugineuse. —

En été, quand les eaux de la rivière sont basses on y aperçoit les fondements de vastes constructions, qui s'avancent jusqu'au milieu du lit actuel ; ce qui démontre qu'à une époque antérieure la Sûre avait en ce point une autre direction et que son lit s'étendait davantage dans le territoire actuel de la Prusse.

En 1828 une société luxembourgeoise ayant fait fouiller le terrain des environs en plusieurs directions, dans le but de découvrir la vraie source ou une autre source plus abondante, les opérations n'ont pas abouti à des résultats satisfaisants. Vers la même époque, une société des Pays-Bas a fait creuser au pied de la montagne dans une direction perpendiculaire, afin d'explorer les couches de sel. On était parvenu à la profondeur de 120 mètres, lorsque les changements politiques de 1830 vinrent arrêter les recherches qui promettaient un brillant succès.

Il importait néanmoins de constater par l'analyse si dans la source principale les quantités de chlorure de sodium et de matières inorganiques en général restaient constantes. J'ai déterminé le chlore et les substances solides de l'eau puisée dans les mois d'août, de septembre et de novembre de 1851. Les nombres obtenus ne différaient guère de ceux de l'analyse.

Mais en 1855, le 20 mars, j'ai puisé une forte quantité de cette eau ; 50 kilogrammes en étaient destinés à la recherche du brôme et de l'iode et d'autres corps qui peuvent s'y trouver en quantité minime. La saveur de la source était complétement changée ; la quantité de liquide qui s'écoulait par minute était plus considérable qu'en 1851, elle a été évaluée à prés de 50 litres.

La température de l'air atmosphérique était $+$ 2° c., celle de la source $+$ 8° c., et celle de la Sûre $+$ 2° c.

Le poids spécifique de l'eau était $\frac{109{,}586}{109{,}224} =$ 1,003314.

219 grammes d'eau donnèrent 0,429 grammes de chlorure de sodium. 0,0773 pCt. de sodium.

219 grammes fournirent 0,110 grammes d'acide carbonique ou 0,05023 pCt.

109,5 grammes fournirent 0,688 grammes de chlorure d'argent ou 0,1562 pCt. de chlore.

109,5 grammes donnèrent 0,100 grammes de sulfate de baryte, 0,031 pCt d'acide sulfurique.

Ces données suffisent pour démontrer, qu'à cette époque l'eau salée était mélangée. Par cette raison j'ai dû renoncer à établir plusieurs données de l'analyse quantitative, me réservant de déterminer ces corps à une époque de l'année correspondante à celle qui avait été choisie pour la première analyse.

Les deux sources voisines dont il a été fait mention ci-dessus présentent de si légères différences dans leurs propriétés physiques et dans leurs rapports chimiques, que la plupart des nombres obtenus par trois analyses, ont pu être considérés comme résultant de la même substance. Il n'y a pas le moindre doute que les trois sources salées de Born ne proviennent des mêmes couches souterraines. La quantité relative des substances en dissolution dans les sources peut être sujette à des modifications, dont nous n'apprécions pas chaque fois les véritables causes. Le fait généralement constaté, que dans les sources, la quantité de liquide est en raison inverse de la somme des substances en dissolution et que la masse du liquide est bien plus considérable en hiver qu'en été, explique suffisamment les différences parfois considérables qui se présentent dans le cours des saisons, avant et après les pluies. Par ces motifs, l'époque où l'on a puisé l'eau servant à l'analyse devra être prise en considération, et la somme des substances solides présentera le point de départ le plus favorable pour chaque espèce de contrôle.

Source de Rahlingen.

La source de Rahlingen jaillit entre le village de ce nom et la montagne dite « Rahlingerberg » dans un petit enfoncement de terrain à 4 mètres de la route qui conduit de Trèves à Echternach.

Elle est distante de 8 kilomètres d'Echternach et de 8 mètres de la Sûre. A l'endroit où la rivière reçoit les eaux de la source, on aperçoit en différentes places un dégagement considérable d'acide carbonique; les bulles formées par l'éruption du gaz tourbillonnent sans cesse à la surface de l'eau de la rivière pour se répandre dans l'atmosphère.

L'eau acidulée bouillonne constamment dans son étroit réservoir de forme circulaire de 0,17 mètres de diamètre et d'une profondeur de 1,8 mètres.

La quantité du liquide obtenu par minute est de cinq litres environ. La saveur de l'eau est agréablement acide et rafraîchissante; le goût particulier, un peu astringent du bicarbonate de fer est très-prononcé.

Son odeur est celle de l'acide carbonique et sa limpidité est parfaite. Puisée fraîchement dans les verres, elle produit un pétillement continuel, en déposant peu à peu une substance d'un brun-rougeâtre. Le gaz étant dégagé, la réaction sur les papiers de tournesol est alcaline. L'enfoncement de terrain étroit qu'elle traverse jusqu'au bord de la Sûre est couvert d'oxide de fer qu'elle a déposé.

Le 1ᵉʳ juin 1849, la température de l'air atmosphérique étant $+ 21,6°$ c., celle de la source a été trouvée $+ 15,7°$ c.; plongé dans la Sûre voisine le thermomètre marquait $+ 19,4°$ c.

Le poids spécifique de l'eau est $\frac{133,8934}{133,6129} = 1,00209$.

L'analyse qualitative a fait connaître la présence des corps suivants : la chaux, la soude, la magnésie, le protoxide de fer, des traces de potasse, d'alumine et de manganèse; les acides carbonique et sulfurique, le chlore et des traces d'acide phosphorique et d'acide silicique.

L'analyse quantitative ayant été exécutée deux fois, en 1849 et en 1853, et les résultats coïncidant parfaitement, je citerai les nombres obtenus sur l'eau puisée le 1ᵉʳ juin 1849.

3

1° Acide carbonique :

Deux précipités ont été préparés à un mois d'intervalle et à la source même.

a. 212 grammes d'eau ont donné 0,557 grammes d'acide carbonique ou 0,2627 pCt.

b. 212 grammes en ont fourni 0,542 grammes, ou 0,2556 pCt. Terme moyen de l'acide carbonique = 0,2591 pCt.

2° Acide sulfurique :

a. 273 grammes ont donné 0,227 grammes de sulfate de baryte, contenant 0,07798 grammes d'acide sulfurique; 0,0285 pCt.

b. 156 grammes ont donné 0,129 grammes de sulfate de baryte, ou 0,0444 grammes d'acide sulfurique, ou 0,0284 pCt.

3° Chlore :

117 grammes d'eau ont fourni 0,0372 grammes de chlorure d'argent, ou 0,0128 grammes de chlore; 0,01094 pCt. de chlore.

4° La soude :

a. 400 grammes ont donné 0,0965 grammes de chlorure de sodium, ou bien 0,05150 grammes de soude; 0,0128 pCt.

b. 400 grammes ont fourni 0,1065 grammes de chlorure de sodium, ou bien 0,06255 grammes de soude; 0,0156 pCt. Terme moyen de la soude = 0,0142 pCt.

5° La chaux :

234,5 grammes ont fourni 0,166 grammes de carbonate de chaux, qui contiennent 0,09314 grammes de chaux; 0,0397 pCt. de chaux.

6° La magnésie :

234,5 grammes ont fourni 0,099 grammes de phosphate de magnésie, contenant 0,03557 grammes de magnésie, ou 0,0151 pCt.

7° Le fer :

234 grammes ont donné 0,015 grammes de sesquioxide de fer, correspondant à 0,0135 grammes de protoxide de fer. 0,00575 pCt. de protoxide de fer, 0,00639 pCt. de sesquioxide de fer.

8° 319 grammes d'eau ayant été chauffés pendant plusieurs heures, avec la précaution de rétablir par l'eau distillée le volume primitif qui devenait moindre par l'évaporation, le précipité obtenu a fourni :

a. 0,181 grammes de carbonate de chaux, ou 0,03188 pCt. de chaux.

b. 0,0196 grammes de sesquioxide de fer, ou 0,0061 pCt. de sesquioxide de fer.

c. Des traces de magnésie.

La liqueur filtrée a donné :

a. 0,0420 grammes de carbonate de chaux, ou 0,0073 pCt. de chaux; .

b. 0,133 grammes de phosphate de magnésie, ce qui donne 0,0149 pCt. de magnésie.

Il est clair d'après ces données que la presque totalité de la chaux et tout le fer sont contenus dans l'eau à l'état de bicarbonates; une faible partie de la chaux, la magnésie et une partie de la soude sont en combinaison avec l'acide sulfurique et le chlore; la plus grande partie de la soude est à l'état de carbonate et cause la réaction alcaline de l'eau mise en ébullition.

9° 109,4 grammes ont laissé un résidu pesant 0,162 grammes, ou 0,147166 pCt. de substances solides, inorganiques.

En considérant dans la combinaison des acides et des bases les données obtenues sous le n° 8, on trouve que 100 parties de l'eau gazeuse de Rahlingen tiennent en dissolution :

Sulfate de soude	0,00323	parties.
Carbonate de soude	0,02181	»
Sulfate de magnésie	0,02296	»
Chlorure de magnésium	0,01465	»
Sulfate de chaux	0,01994	»
Carbonate de chaux	0,03774	»
Carbonate de protoxide de fer	0,00926	»
Traces de potassium, d'alumine, de manganèse et d'acide phosphorique		
Total	0,14959	»

En déduisant de cette somme le carbonate de fer et en ajoutant au reste le sesquioxide obtenu sur 100 parties d'eau, on obtient le nombre 0,14672 qui coïncide bien avec le nombre 0,147166 trouvé sous le n° 9.

La quantité d'acide carbonique combinée avec le fer, la chaux et la soude est égale à 0,03787. Les bases étant à l'état de bicarbonates, ce nombre doit évidemment être doublé pour trouver le nombre de l'acide qui est en combinaison.

En déduisant donc $2 \times 0,03787 = 0,07574$ de la somme totale de l'acide carbonique, c'est-à-dire de 0,2591, il reste 0,18336 pCt. pour l'acide carbonique libre.

Or, 0,18336 grammes d'acide carbonique sont égaux à 93,2 centimètres cubes de gaz, à la température de 0° c. et sous une pression atmosphérique faisant équilibre à une colonne de mercure de 0,76 centimètres.

En réduisant ce volume à la température de la source qui est en été 13,7° c., on obtient en posant le coefficient de dilatation des gaz $= 0,003665$.

$93,2 \times (1 + 13,7 \times 0,003665) = 97,8$.

Ou bien 98 centimètres cubes.

Il résulte de là que l'eau acidule et ferrugineuse de Rahlingen contient à peu près un volume d'acide carbonique égal à son propre volume.

C'est à la forte proportion de ce corps qu'elle doit la propriété de faire voler en éclats les vases dans lesquels on l'enferme ordinairement. Il faut, pour la conserver, de fortes cruches dont les parois présentent une résistance suffisante pour empêcher la dilatation du gaz; ou bien il faut renoncer à avoir l'eau pure. La moindre issue que le gaz se fraie à travers les bouchons, rend le liquide trouble et lui donne un aspect peu appétissant.

La source de Rahlingen se trouve sur la frontière et au Sud de l'Eiffel, contrée qui est renommée pour ses propriétés volcaniques, et qui possède un grand nombre de sources gazeuses. Cette petite portion de la surface du globe dégage une énorme quantité d'acide carbonique dans l'atmosphère, laquelle le cède à son tour aux végétaux qui l'assimilent en partie à leurs organes. On se fera une idée de cette quantité, en considérant que la source peu forte de Rahlingen fournit annuellement, à elle seule, un volume de gaz représenté par le chiffre de 2,628,000 litres.

Echternach, au mois de juin 1853.

Jos. NAMUR.